U0363494

日本烘焙师的专业配方

三宅郁美的法式烘饼和可丽饼

[日] 三宅郁美 著　　钱海澎 译

Galette & Crêpe

前言

法式烘饼是法国西北部布列塔尼地区的传统美食，作为一种平民化、可以轻松享用的主食而备受欢迎。在法国，周末用餐都会以烘饼作为前菜或主菜，并将甜美的可丽饼作为饭后甜点。最近，在日本的餐厅吃到这两种食物的机会也越来越多。为此，我精心打造了53种烘饼配方，让你在家也能遇见美味。

本书介绍的食谱，材料比例简单易记，就是1杯面粉、1个鸡蛋。通常，饼皮需要醒一个晚上方可烘焙，而为了那些没有足够业余时间的读者，本书也准备了可在短时间内醒饼皮的食谱。

法式烘饼和可丽饼可以在早、午、晚餐或茶歇时间等各种场合享用。虽然是法式料理，但搭配的食材可以是各种异国风味的调料，只要是家中常备的材料，都可以加入其中。

“今天尝试下这种馅料！”“他会喜欢今天的味道吗？”你可以变换花样，添加各种自己喜欢的食材，制作带有个人特色的私房料理，并享受这个动手的过程。端上一盘美食，与密友和爱人共度幸福“食”光吧。

三宅郁美

CONTENTS

Part 1

烘烤基础饼皮

基础法式烘饼

基础可丽饼

Part 2

舌尖上的新滋味——法式烘饼

经典法式烘饼

花样法式烘饼

蔬菜法式烘饼

创意法式烘饼

非粉类法式烘饼

甜品类法式烘饼

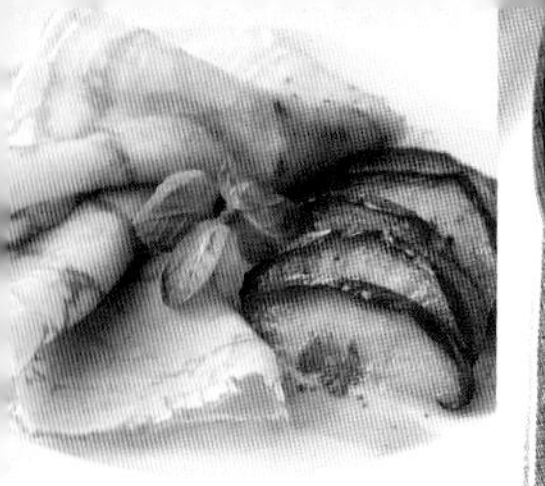

Part 3

色香味的诱惑——可丽饼

花样可丽饼

日式风味可丽饼

创意可丽饼

可丽饼餐点

本书的操作规范

◎计量单位：1 汤匙为 15 毫升，1 茶匙为 5 毫升，1 杯为 200 毫升。汤匙和茶匙盛量时请以刮平匙面为标准。

◎鸡蛋选用中等大小的（约 60 克）。

◎烤箱的加热温度、加热时间和完成时间根据机型的不同有所差异。请以书中标记的时间为基准，再根据实际使用的烤箱进行适当调整。

Part 1 烘烤基础饼皮

基础饼皮的制作方法

本书介绍的法式烘饼和可丽饼的制作方法，只需要将材料放入一个盆中充分混合即可。材料的用量也通俗易懂、容易备齐，想吃的时候立即就可以操作。掌握了基础饼皮的制作方法，就可以体验各种创意的乐趣啦。

需要准备的工具有：①平底锅（直径26厘米或者15厘米）；②盆（直径为20厘米以上）；③面粉筛；④打蛋器；⑤长柄勺（圆勺）；⑥抹刀（也可以用煎铲代替）。

(1) 材料——只要记住这些就可以自由发挥创意

法式烘饼

直径26厘米×6张
或
直径15厘米×10张

拥有香黏口感的美味荞麦饼皮

◎饼皮

荞麦粉——1杯（根据不同种类，分量为110～120克）

※荞麦粉根据磨法和成分的不同，重量有所差异。

盐——一小撮

1个鸡蛋＋水＝400毫升 ⟹ **称量方法**

在放入鸡蛋的杯子中加水到刻度位置。如果杯子的容量为200毫升，可分2次测量。

※将制作饼皮的材料充分混合，在平底锅中放入黄油（3汤匙），加热使之融化（使用直径为26厘米的平底锅，每烘烤一张饼皮需要1/2汤匙；使用直径为15厘米的平底锅，每张需要1/2茶匙）。

可丽饼

直径26厘米×4张
或
直径15厘米×6张

口感松软、丝丝甜香的小麦饼皮

◎饼皮

低筋面粉——1杯（约100克）

砂糖——1汤匙

1个鸡蛋＋牛奶＝300毫升

※将制作饼皮的材料充分混合，在平底锅中放入黄油（2汤匙），加热使之融化（使用直径为26厘米的平底锅，每烘烤一张饼皮需要1/2汤匙；使用直径为15厘米的平底锅，每张需要1/2茶匙）。

（2）混合——按顺序添加、混合即可

法式烘饼 galette

1. 过筛粉类

在盆上面放上面粉筛，倒入荞麦粉和盐，过筛。

2. 加入鸡蛋和水

在面粉中央挖一个坑，倒入混合了水和鸡蛋的蛋液（如果是200毫升的量杯，则一部分是鸡蛋，剩余部分即为水）。

> 一杯水（200 毫升）的替代品
>
> 使用黑啤酒或者苹果酒代替，味道更加浓醇。
>
> 

3. 混合

用打蛋器从中央开始向外旋转，使面粉一点点溶解，搅拌至材料柔滑。

4. 醒面

盖上保鲜膜，放入冰箱冷藏一个晚上。

> 若想缩短醒面时间
>
> 将 1/3 份荞麦粉替换为低筋面粉，醒 1 个小时即可。

可丽饼 crêpe

1. 过筛粉类

在盆上面放上面粉筛，倒入低筋面粉，过筛。

2. 加入鸡蛋、牛奶和砂糖

在面粉中央挖一个坑，倒入混合了鸡蛋、牛奶和砂糖的蛋液（如果是200毫升的量杯，则一部分是鸡蛋，剩余部分即为牛奶）。

3. 混合

用打蛋器从中央开始向外旋转，使面粉一点点溶解，搅拌至材料柔滑。

4. 醒面

盖上保鲜膜，在室温（夏季放入冰箱冷藏室）下放置30分钟左右。

(3) 烘烤——掌握要点，轻松烘烤漂亮的形状

法式烘饼 & 可丽饼

1. 融化黄油

在平底锅中放入黄油，中火加热使之融化（使用直径为26厘米的平底锅，每烘烤一张饼皮需要1/2汤匙；使用直径为15厘米的平底锅，每张需要1/2茶匙）。

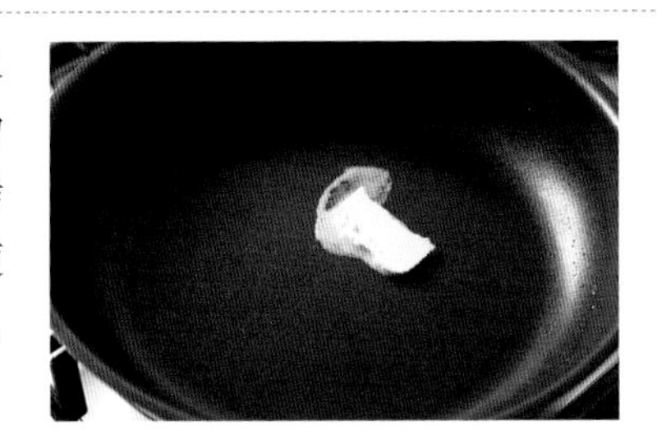

2. 锅底涂满黄油

用纸巾将黄油涂抹在整个锅底，并将多余的黄油擦拭干净，使平底锅的底部均匀地布满黄油的小气泡。

Point

若没将黄油擦干净……
多余的黄油会使面糊移动，不能烘烤出表面均匀的饼皮。

3. 倒入面糊

调至小火，用长柄勺将面糊倒入平底锅的中央。要快速倾倒，使面糊扩散到整个锅底。

galette

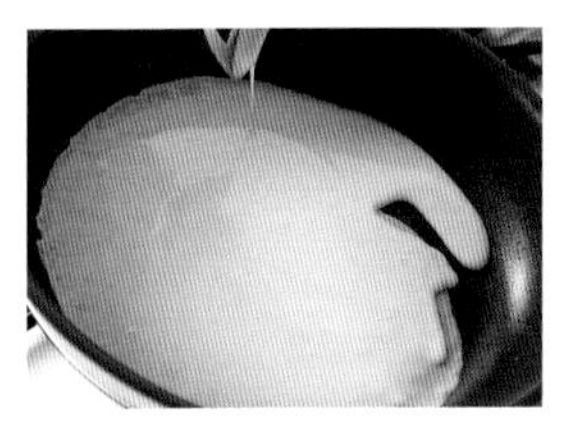
crêpe

4. 烘烤

用中火烘烤。烘烤期间不要翻动，一直等到饼皮表面干燥，四周翻起。

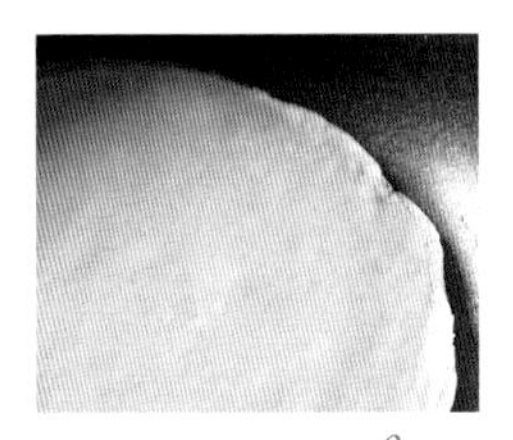
galette

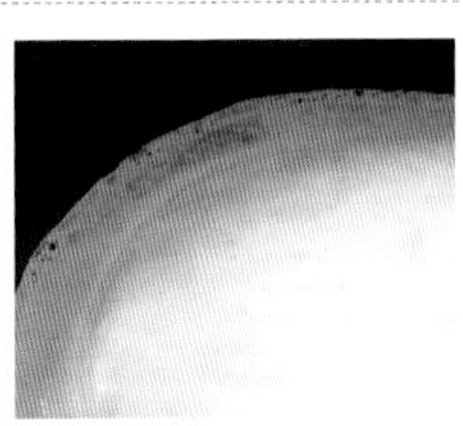
crêpe

Point

如果出现小洞……
添加面糊，并用勺子底将小洞补平。

5. 翻面

将抹刀（或煎铲）小心地伸入饼皮下方，提起翻面。翻面后烘烤 2 ~ 3 秒使表面干燥即可。

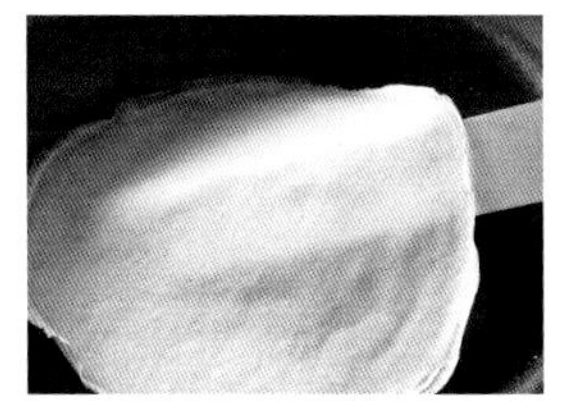

galette

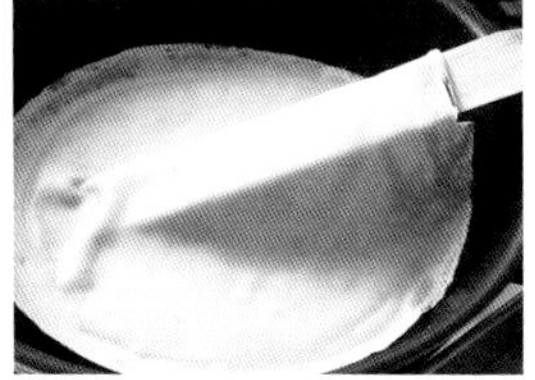

crêpe

6. 取出并放在纸巾上

在盘子等容器中铺上纸巾，将烘烤好的饼皮放在上面。如果使用平底锅制作法式烘饼，可以直接添加馅料，继续下一步的操作。

※加热放凉的饼皮时，在平底锅中融化黄油，之后轻轻翻烤饼皮（黄油的用量标准：如果是直径为26厘米的平底锅，每烘烤一张饼皮需要1茶匙；如果是直径为15厘米的平底锅，每烘烤一张需要1/2茶匙）。

galette

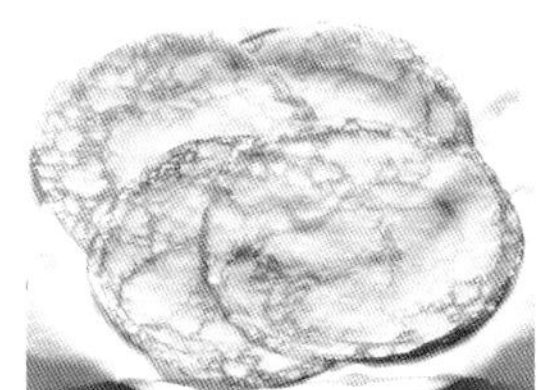

crêpe

→ **之后只要摆上馅料卷起即可。请参照各种食谱具体操作。**

若想品尝素饼皮的美味……

法式烘饼 + 柠檬汁（1 茶匙）

荞麦粉的香气和味道会更加突出，
让人吃多少都不会腻。

可丽饼 + 砂糖（1/2 茶匙）

甜香弥漫的感觉让人欣喜。
也可以根据个人喜好添加黄油。

基础法式烘饼

烘烤好美味的饼皮，接下来就可以添加馅料进行美食 DIY 了。
下面首先向你介绍最受欢迎的常见法式烘饼。

完美法式烘饼

制作大烘饼

制作小烘饼

加入火腿、鸡蛋和奶酪的法式烘饼——一道色、香、味俱全的诱惑

完美法式烘饼

◎饼皮（请参照P8 ~11）

荞麦粉——1 杯
盐——一小撮
1 个鸡蛋＋水＝400 毫升

※将所有材料一次用完，做成饼皮，暂时剩余的饼皮可以保存起来（保存方法请参照P22）。

※ 将制作饼皮的材料充分混合，在平底锅中放入黄油（总共 3 汤匙），加热使之融化（使用直径为 26 厘米的平底锅，每烘烤一张饼皮需要 1/2 汤匙；使用直径为 15 厘米的平底锅，每张需要 1/2 茶匙）。

◎材料（2人份）

直径 26厘米×2张或直径15厘米×4张

里脊火腿——2～4片
鸡蛋——2 个
披萨用奶酪粉——30 克
盐、胡椒粉——各少许

烘烤大饼

烘烤小饼

1. 混合

将荞麦粉、盐、鸡蛋和水搅拌至柔滑。

2. 醒面

盖上保鲜膜，放入冰箱冷藏一个晚上醒面。

3. 烘烤

在涂好黄油的平底锅中，一张张进行烘烤。

※步骤①～③是烘烤大饼、小饼通用的步骤，详细操作请参照P8～11。

制作大烘饼

制作小烘饼

4. **放入里脊火腿**

将每片火腿切成两半，摊开摆放在饼皮中央。

将火腿切成两半，取一块放置在饼皮的一侧。

5. **放入鸡蛋**

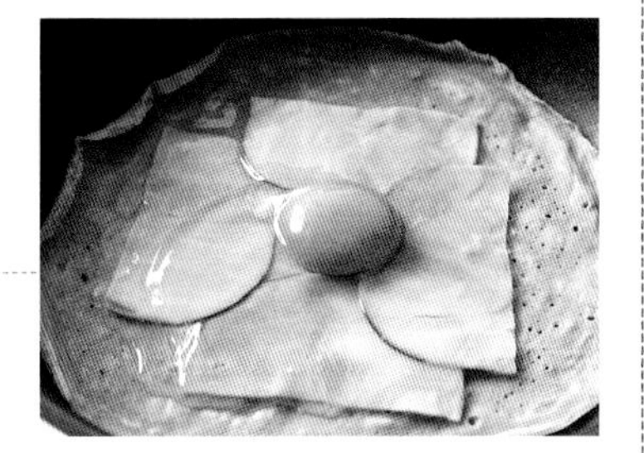

轻轻打入鸡蛋，使蛋黄尽量在火腿中央。

将鸡蛋轻轻打在火腿上。另一半饼皮上不放鸡蛋。

6. **撒上奶酪**

将奶酪均匀地撒在火腿四周，将火腿围住，再撒上盐和胡椒粉。

将鸡蛋和火腿集中在饼皮的一侧，撒上奶酪、盐和胡椒粉。

7. **折叠**

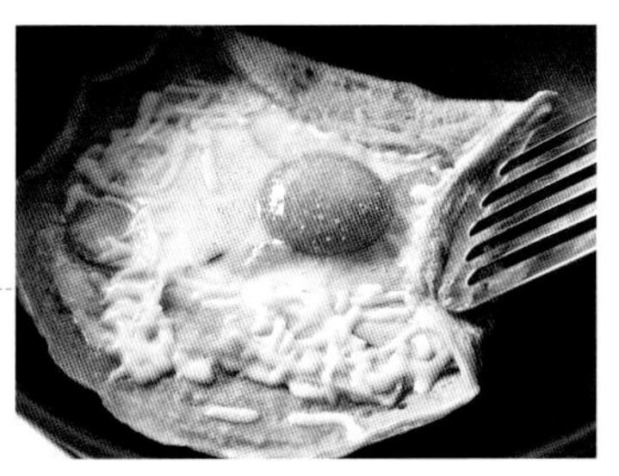

奶酪融化之后，将饼皮四边折起呈方形。

奶酪融化之后，用煎铲将饼皮对折。

基础可丽饼

植物鲜奶油和各种水果的组合受到众人青睐。
只需夹入奶油并将饼皮折叠即可，操作简单，推荐给初学者。

打发奶油莓果风味可丽饼

制作大可丽饼

制作小可丽饼

在饼皮中夹入奶油，就能做漂亮的传统可丽饼了

打发奶油莓果风味可丽饼

◎饼皮（请参照P8～11）

低筋面粉——1杯
砂糖——1汤匙
1个鸡蛋+牛奶=300毫升

※将所有材料一次用完，做成饼皮，暂时剩余的饼皮可以保存起来（保存方法请参照P22）。

※将制作饼皮的材料充分混合，在平底锅中放入黄油（总共2汤匙），加热使之融化（使用直径为26厘米的平底锅，每烘烤一张需要1/2汤匙；使用直径为15厘米的平底锅，每张需要1/2茶匙）。

◎材料（2人份）

直径26厘米×2张或直径15厘米×4张

植物鲜奶油——100毫升
砂糖——1汤匙
樱桃白兰地（樱桃酒）——适量
草莓——4个
蓝莓——10粒
糖粉——适量
薄荷叶——适量

制作大可丽饼

制作小可丽饼

1. 混合

将低筋面粉、砂糖、鸡蛋和牛奶混合，搅拌至柔滑。

2. 醒面

盖上保鲜膜，在室温下放置30分钟左右醒面。

3. 烘烤

在涂好黄油的平底锅中，一张张地进行烘烤。

※步骤①～③是烘烤大饼、小饼通用的步骤，详细操作请参照P8～11。

4. 打发植物鲜奶油

在植物鲜奶油中加糖，用打蛋器将其打发至八分硬度（即提起打蛋器后，滴落的奶油出现弯角），再加入樱桃白兰地继续混合。

5. 将奶油涂抹在饼皮上

将奶油放在摊开的饼皮上，用抹刀等工具将其涂抹均匀。

6. 撒上草莓和蓝莓

将切成5毫米方块的草莓和洗净后沥干水分的蓝莓均匀地撒在奶油上。

7. 折叠饼皮

将饼皮对折，再次错开一点折叠。放入盘中，用过滤网撒上糖粉，装饰上薄荷叶，配上水果即可。

花样饼皮

通常所说的法式烘饼和可丽饼都是指原味饼皮。
在常见的原味饼皮中添加一些要素，就可以享受到不同的口感。

1. 什锦种子（P54）
加入了麦粒或瓜子仁等，口感酥脆。

2. 紫苏末（P42）
紫苏的芳香和酸味是重点。雅致的紫色看上去十分漂亮。

3. 荷兰芹（P30）
清爽的味道和鲜艳的绿色是重点。

4. 蒜片（P26）
加入刺激性的香味，提升了口感。

5. 樱虾（P38）
香气和口感令人欣喜。漂亮的颜色也是重点。

6. 小沙丁鱼（P51）
添加了淡淡的咸味和海水的鲜味。

※ 除此之外还将介绍加入咖喱粉的烘饼（P56）。

1. 红糖（P91）
加入了浓醇的甜味，让饼皮的口感更加突出。

2. 咖啡（P81）
微苦的味道和香气，散发出成熟的气息。

3. 蓝莓干（P83）
加入了清爽的酸甜味道，口感让人期待。

4. 什锦坚果（P80）
酥脆的口感和香气，彰显华丽的味道。

5. 可可粉（P98）
无糖型，成品微苦。

6. 盐渍樱花（P90）
看上去很可爱，特点是香气浓郁、口味咸香。

※ 除此之外还将介绍加入石榴糖浆（P84）、蓝柑桂酒（P86）、抹茶（P89）、黑芝麻（P102）和香葱（P104）的饼皮。

美味升级的三大要领

什么时候最好吃？凉了怎么办？可以保存吗？
好不容易做好的法式烘饼和可丽饼，希望能够品尝其最鲜美的味道。
下面介绍几个保存要点，供大家参考。

最佳食用时间

法式烘饼和可丽饼都是刚出炉的时候最美味，放凉之后味道就会打折扣。尤其是可丽饼，还要注意打发奶油和水果块是要在吃之前再添加的。总之要保持饼皮的口感，最好趁鲜美的时候食用。

保存方法

生的饼皮不能保存，需要烤好之后再保存。冷藏可以保存3～4天，冷冻可以保存2周左右。如果直接以圆形保存，可以将饼皮和保鲜膜交替摆放，5张做成一个整体，放入专用的冷冻袋中密封保存。

按照饼皮、保鲜膜、饼皮的顺序包好。

放入袋中密封保存。

加热、翻烤

如果需要使用凉饼皮，可以将冷冻后的饼皮放在室温下自然解冻（夏天放在冰箱中保存）。如果需要使用温饼皮，自然解冻后，在平底锅中涂抹上薄薄一层黄油，重新翻烤即可。

→

想要缩短自然解冻的时间？

使用功率为600瓦的微波炉加热1分钟左右即可；或者在保存时，将饼皮一张张卷成棒状，用保鲜膜包好，放入密封袋中保存。

连保鲜膜一起卷好。

Part 2 舌尖上的新滋味——法式烘饼

standard galette

经典法式烘饼

下面介绍使用奶酪和鸡蛋等材料制作而成的正宗法式烘饼。
苹果酒和葡萄酒的完美组合，让你尽情体验法兰西的味道。

洋葱的甜香和干贝的鲜美，与葡萄酒的馥郁相互交融

洋葱干贝烘饼

将洋葱炒至焦糖色，炒出甜味。

干贝煎至表面微微变黄，散发出香味。

用煎铲等工具压好两侧的饼皮，即可呈现美观的造型。

◎饼皮（直径26厘米×6张）

荞麦粉——1杯
盐——一小撮
1个鸡蛋＋水＝400毫升

※请参照P8～11烘烤饼皮。

◎材料（2人份）

法式烘饼饼皮（直径26厘米）——2张
黄油（加热用）——2茶匙
干贝（生食用）——2个
洋葱——2个
核桃仁——6粒
披萨专用奶酪——40克
盐、胡椒粉——各少许
黄油——1汤匙
色拉油——1/2汤匙
荷兰芹末——适量

●做法

1. 将洋葱切成6～7厘米的条。在平底锅中放入1/2茶匙的黄油，中火加热使之融化，加色拉油，入洋葱翻炒至焦糖色，加入盐和胡椒粉调味，盛出。
2. 将平底锅用清水涮洗一下，放入1/2茶匙的黄油，加热使之融化。再放入用盐和胡椒粉腌制过的干贝，两面煎，盛出备用。
3. 用纸巾将平底锅轻轻擦拭一下，放入1茶匙的黄油（加热用），中火加热使之融化。
4. 放入饼皮，里面朝下，煎10秒钟后翻面。
5. 撒上奶酪，融化之后在奶酪中央放入1个步骤②中的干贝，放入3粒核桃，将四边折叠成正方形。
6. 盛放到盘中，四角摆放上①中的半份洋葱，撒上荷兰芹末。
7. 重复操作步骤③～⑥，制作2人份。

Val de Rance
Bouché
Cru Breton
Restaurant
Bar à vins

用蒜片饼皮包裹肉馅番茄沙司，制作分量十足的美味烘饼

茄香肉馅穆沙卡风味烘饼

◎饼皮（直径15厘米×10张）

荞麦粉——1杯
盐——一小撮
1个鸡蛋＋水＝400毫升

※在面糊中掺入蒜片。
蒜片——2汤匙

※请参照P8～11烘烤饼皮。

◎材料（2人份）

猪牛肉混合肉馅——100克
茄子——1根
圣女果——5个
洋葱末——30克
蒜末——1瓣的分量
咖喱粉——1/2汤匙
白葡萄酒——50毫升
番茄酱——1汤匙
盐、胡椒粉——各少许
橄榄油——2汤匙

●做法

1. 将茄子切成厚5厘米的半月形片，圣女果切成两半。
2. 在平底锅中放入洋葱、蒜末以及橄榄油，中火将蒜末爆香，洋葱炒软。
3. 加入①中的茄子和肉馅，炒散，待肉变白后在中央留出空当，倒入咖喱粉。略微翻炒一下，煸干咖喱粉中的湿气，将所有材料充分混合。
4. 烹入白葡萄酒，大火翻炒至酒精挥发。
5. 加入①中的圣女果和番茄酱熬煮，用盐和胡椒粉调味后装盘。
6. 添加到饼皮上，卷起来食用。

不要将蒜片拌入面糊，直接放入平底锅中，再在上面倒入面糊。

蔬菜炒软之后，加入咖喱粉。

用大火炖煮，让肉馅和蔬菜充分入味。

在圣女果和鸡蛋的组合中添加火腿、变身为华丽的凉菜

生火腿圣女果烘饼

◎ **饼皮**（直径15厘米×10张）

荞麦粉——1杯
盐——一小撮
1个鸡蛋＋水＝400毫升

※**请参照**P8～11**烘烤饼皮**。

◎ **材料**（2人份）

法式烘饼饼皮（直径15厘米）——2张
黄油（加热用）——2茶匙
生火腿——2片
圣女果——2个
鸡蛋——2个
罗勒——适量
披萨专用奶酪——10克
盐、胡椒粉——各少许
橄榄油——适量

● **做法**

1. 在平底锅中放入1茶匙黄油（加热用），中火加热使之融化。
2. 放入饼皮，里面朝下，加热10秒钟左右，翻面。
3. 在饼皮中央打入一个鸡蛋，烘烤至蛋清变白，撒上奶酪。
4. 加入盐和胡椒粉，将饼皮的两边对折，取1个圣女果切成两半，进行装饰。
5. 盛盘后摆放上一片生火腿和罗勒叶，再撒上少量的胡椒粉（材料用量外）和橄榄油。
6. 重复操作步骤①～⑤，制作2人份。

在足量的菠菜中加入鸡蛋和奶酪的传统法式烘饼

菠菜卡门培尔干酪烘饼

◎ **饼皮**（直径26厘米×6张）

荞麦粉——1杯
盐——一小撮
1个鸡蛋＋水＝400毫升

※请参照P8～11烘烤饼皮。

◎ **材料**（2人份）

法式烘饼饼皮（直径26厘米）——2张
黄油（加热用）——2茶匙
菠菜——4棵
鸡蛋——2个
卡门培尔干酪——50克
盐、胡椒粉——各少许
黄油——1/2汤匙

● **做法**

1. 菠菜洗净，切成4厘米小段。干酪切成2厘米方块。
2. 平底锅放1/2汤匙黄油，小火加热使之融化。放入菠菜根翻炒，再加入叶炒软。加盐和胡椒粉调味后盛出。
3. 用纸巾将锅轻轻擦拭一下，放入1茶匙黄油（加热用），中火加热使之融化。放入饼皮，里面朝下，加热10秒钟左右翻面。
4. 在饼皮上放入半份②的菠菜，中间留出空间打入一个鸡蛋。蛋清变白之后，加入盐和胡椒粉调味，将饼皮的三边折叠起来成三角形，放入25克卡门培尔干酪。
5. 干酪融化黏稠后盛盘，撒少量胡椒粉。
6. 重复操作步骤③～⑦，制作2人份。

花样法式烘饼

日式、韩式、中式等等，法式烘饼可以惊人地契合各国的配品。
你可以尝试制作一盘口感、香味以及外观均无可挑剔的珍品烤饼。

凤尾鱼的美味渗透在松软的鸡蛋饼中，类似煎鸡蛋卷

炒蛋凤尾鱼烘饼

在平底锅中撒入荷兰芹，再倒入面糊烘烤。

用筷子在锅中快速搅动，让鸡蛋蓬松散开。

将鸡蛋块摆放到饼皮的一侧，用煎铲包起来。

◎ 饼皮（直径26厘米×6张）

荞麦粉——1杯
盐——一小撮
1个鸡蛋＋水＝400毫升

※在2人份的面糊中拌入荷兰芹末。

荷兰芹末——1汤匙

※请参照P8～11烘烤饼皮。

◎ 材料（2人份）

法式烘饼饼皮（直径26厘米）——2张
黄油（加热用）——2茶匙

• **蛋液**

A
- 鸡蛋——3个
- 牛奶、植物鲜奶油——各1汤匙
- 盐、胡椒粉——各少许

黄油——2汤匙
凤尾鱼柳——4片
披萨专用奶酪——30克
水芹——适量

● 做法

1. 将A的鸡蛋打入盆中，加入牛奶、植物鲜奶油、盐和胡椒粉，搅散制作成蛋液。将凤尾鱼柳切成大块。
2. 在平底锅中放入1汤匙黄油，中火加热使之融化。倒入①中的半份蛋液，蛋液的边缘变硬之后用筷子搅拌两三次，归拢到平底锅的一边。撒上①中的凤尾鱼柳块和奶酪。根据个人喜好控制鸡蛋的软硬，烤好后取出。
3. 用纸巾等轻轻擦拭平底锅，放入1茶匙黄油（加热用），中火加热使之融化。
4. 放入饼皮，里面朝下，加热10秒钟左右翻面。
5. 将②的鸡蛋块放在饼皮的一侧，包好，放入盘中，然后添加水芹。
6. 重复操作步骤②～⑤，制作2人份。

用大蒜和辣椒为鲜味十足的蘑菇增添别样滋味

蘑菇辣味烘饼

◎饼皮（直径26厘米×6张）

荞麦粉——1杯
盐——一小撮
1个鸡蛋＋水＝400毫升

※**请参照**P8～11**烘烤饼皮**。

◎材料（2人份）

法式烘饼饼皮（直径26厘米）——2张
黄油（加热用）——2茶匙
蘑菇（香菇、杏鲍菇、口蘑等）——共300克
蒜末——1瓣
红辣椒——1个
盐、胡椒粉——各少许
橄榄油——1.5汤匙
奶酪粉（帕玛森干酪）——适量
有喙欧芹*——适量

*芹科香草的一种，特点是味道清香高雅。

●做法

1. 将蘑菇切成易于食用的大小，红辣椒去子。
2. 在平底锅中倒入橄榄油，放入蒜末和红辣椒爆香，加入①中的蘑菇翻炒。然后添加盐和胡椒粉调味，盛出。
3. 用纸巾轻轻擦拭平底锅，放入1茶匙黄油（加热用），中火加热使之融化。
4. 放入饼皮，里面朝下，加热10秒钟左右翻面。
5. 在饼皮上放入②中的半份蘑菇，包好，接口处朝下放置在盘中。在饼皮的中央用烹饪剪刀划出十字，使部分饼皮向外侧翻开，撒上奶酪粉，装饰上有喙欧芹。
6. 重复操作步骤③～⑤，制作2人份。

这款烘饼适合款待客人，它散发出的咖喱香能够唤醒食欲

咖喱鸡肉土豆烘饼

◎ 饼皮（直径26厘米×6张）

荞麦粉——1杯
盐——一小撮
1个鸡蛋＋水＝400毫升

※**请参照P8～11烘烤饼皮**。

◎ 材料（2人份）

法式烘饼饼皮（直径26厘米）——2张
黄油（加热用）——2茶匙
鸡腿肉——100克
土豆——2个（150克）
洋葱——30克
荷兰芹末——1汤匙
咖喱粉——1茶匙
盐、胡椒粉——各少许
黄油——1茶匙
色拉油——1/2汤匙

•酸奶沙司

A
- 原味酸奶——1/2杯
- 柠檬汁——1茶匙
- 砂糖、盐、胡椒粉——各少许

粉色胡椒粉——适量

● 做法

1. 将土豆去皮，切成1厘米的块，放入耐热容器中，淋上1汤匙水，盖上保鲜膜，放入600瓦的微波炉中加热10分钟左右。鸡腿肉切成一口大小，洋葱切薄片。
2. 在平底锅中放入色拉油，中火烧热，翻炒鸡肉和洋葱，加入①的土豆和1茶匙黄油，快速翻炒。
3. 在平底锅的中央留空，加入咖喱粉，翻炒一下，煸干水分后，将所有材料充分混合，加入盐和胡椒粉调味，再放入荷兰芹末，调匀后盛出。
4. 用纸巾将平底锅轻轻擦拭一下，放入1茶匙黄油（加热用），中火加热使之融化。
5. 将饼皮的里面朝下放入锅中，加热10秒，翻面。
6. 在饼皮上放置半份③，两边对折包好，放入盘中。将A充分混合后淋在两边饼皮交合处，最后撒上粉色胡椒粉。
7. 重复操作步骤④～⑥，制作2人份。

用辣味沙司和芝麻油调味的韩式拌菜也可用来制作烘饼

韩式白肉鱼拌菜烘饼

◎饼皮（直径26厘米×6张）

荞麦粉——1杯
盐——一小撮
1个鸡蛋＋水＝400毫升

※**请参照**P8～11**烘烤饼皮**。

◎材料（2人份）

法式烘饼饼皮（直径26厘米）——2张
黄油（加热用）——2茶匙
白肉鱼（比目鱼、鲈鱼、鲷鱼、鳕鱼等）——2片
盐、胡椒粉、高筋面粉——各少许
色拉油——1/2汤匙
韭菜——1把
豆芽——50克
芝麻油——1汤匙

•韩式沙司

A
- 水——2汤匙
- 韩式辣酱——2汤匙
- 酱油、砂糖——各1茶匙
- 蒜末——1/2茶匙
- 芝麻油——1/2茶匙

●做法

1. 在鱼肉上撒盐，腌渍10分钟左右。

2. 将韭菜切成3厘米的段，放入加盐的沸水中，再次烧沸之后加入豆芽，煮10秒钟左右，用面粉筛捞出韭菜和豆芽，沥干水分后放入盆中，添加芝麻油、盐和胡椒粉调味。

3. 将A中除了芝麻油以外的材料放入小锅中，小火煮沸之后加入芝麻油，关火，做成韩式沙司。

4. 用纸巾将①中鱼肉的水分擦干，撒上胡椒粉，用面粉筛均匀地撒上高筋面粉。

5. 在平底锅中放入色拉油，中火烧热，放入④中的鱼，双面煎至焦黄鲜嫩后取出备用。

6. 用纸巾将平底锅轻轻擦拭干净，加入1茶匙黄油（加热用），中火加热使之融化。

7. 将饼皮的里面朝下，放入锅中，烘烤10秒钟左右，翻面。

8. 折叠成长方形并盛放到盘中，加入半份②的拌菜和1片⑤中的鱼，淋上③的韩式沙司。

9. 重复操作步骤⑥～⑧，制作2人份。

荞麦饼皮卷荞麦面？没错！浓香的炒面与荞麦饼皮口感出奇的协调

炒面烘饼

◎饼皮（直径26厘米×6张）

荞麦粉——1杯
盐——一小撮
1个鸡蛋＋水＝400毫升

※在2人份的面糊中拌入樱虾。
樱虾——2茶匙

※请参照P8～11烘烤饼皮。

◎材料（2人份）

法式烘饼饼皮（直径26厘米）——2张
黄油（加热用）——2茶匙
中式蒸面——1袋
猪肉——50克
洋葱——20克
圆白菜——20克
胡萝卜——20克
青椒——1个
姜丝——10克
鸡精——1/2茶匙
酱油——1茶匙
盐、胡椒粉——各少许
色拉油——1汤匙

●做法

1. 将猪肉和蔬菜切成易于食用的大小。
2. 在平底锅中放入1/2汤匙的色拉油，用中火烧热，加入猪肉和姜丝，翻炒至猪肉变白。
3. 放入蔬菜翻炒，加入盐和胡椒粉调味后取出。
4. 在平底锅中倒入1/2汤匙的色拉油，放入中式蒸面，两面煎，淋入2茶匙热水（材料用量外）炒散，撒入鸡精，充分混合。
5. 将③的猪肉和蔬菜重新倒入锅中与蒸面混合翻炒，淋入酱油，翻炒一下盛出备用。
6. 用纸巾将平底锅轻轻擦拭一下，放入1茶匙黄油（加热用），中火加热使之融化。
7. 将饼皮的里面朝下放入锅中烘烤10秒钟，翻面。
8. 在饼皮上盛放半份⑤中的炒面，卷成卷，切成两半，放入盛器中。
9. 重复操作步骤⑥～⑧，制作2人份。

虾肉和蔬菜的黄金组合再搭配黏稠的塔塔沙司，绝佳美味不可抵挡

虾肉芦笋烘饼

◎饼皮（直径15厘米×10张）

荞麦粉——1杯
盐——一小撮
1个鸡蛋＋水＝400毫升

※请参照P8～11烘烤饼皮。

◎材料（2人份）

法式烘饼饼皮（直径15厘米）——6张
黄油（加热用）——3茶匙
虾——6只
芦笋——4根
秋葵——2根
橄榄油——1汤匙
盐、胡椒粉——各少许

•塔塔沙司

A
- 煮鸡蛋——1个
- 洋葱末——1个的分量
- 荷兰芹末——适量
- 蛋黄酱——1.5汤匙
- 盐、胡椒粉——各少许

●做法

1. 将A的煮鸡蛋切碎，与A中其他的材料充分混合，制作塔塔沙司。
2. 将虾去壳和沙线；芦笋去掉叶鞘，切成5厘米长的段；秋葵用刮板去掉浮毛。分别撒上橄榄油、盐和胡椒粉腌渍。
3. 将②中的虾和蔬菜摆放在烤鱼网上，烤5分钟。
4. 在平底锅中放入1/2茶匙的黄油（加热用），中火加热使之融化。
5. 将饼皮的里面朝下放入锅中，烘烤10秒钟，翻面。
6. 将烘烤好的3张面皮卷好，制作成3根，摆放在盘中。盛放上①的塔塔沙司，装饰上半份虾肉和蔬菜。
7. 重复操作步骤④～⑥，制作2人份。

摆放的时候不要重叠。下面的接盘中可以不用放水。

卷好后开口朝下放置，这样饼皮不会松开。

用小勺整齐地盛放沙司。

用清炒的馅料制作的中式烘饼，它的美味关键来源于辣椒油和蛋黄沙司

猪肉圆白菜烘饼

◎ **饼皮**（直径26厘米×6张）

荞麦粉——1杯
盐——一小撮
1个鸡蛋＋水＝400毫升

※在2人份的面糊中拌入红紫苏。

红紫苏——1/2茶匙

※请参照P8～11烘烤饼皮。

◎ **材料**（2人份）

法式烘饼饼皮（直径26厘米）——2张
黄油（加热用）——2茶匙
猪肉——100克
圆白菜——80克
洋葱——40克
蒜瓣——1个
蛋黄酱——1汤匙
辣椒油——适量
盐、胡椒粉——各少许
色拉油——1汤匙

● **做法**

1. 猪肉和圆白菜切同样大小，洋葱切片，蒜切细末。
2. 色拉油放入平底锅中，中火加热，放入洋葱和蒜末翻炒，加猪肉煸炒至变白。加入圆白菜翻炒，再加入蛋黄酱混合。最后撒盐和胡椒粉调味，淋辣椒油，盛出。

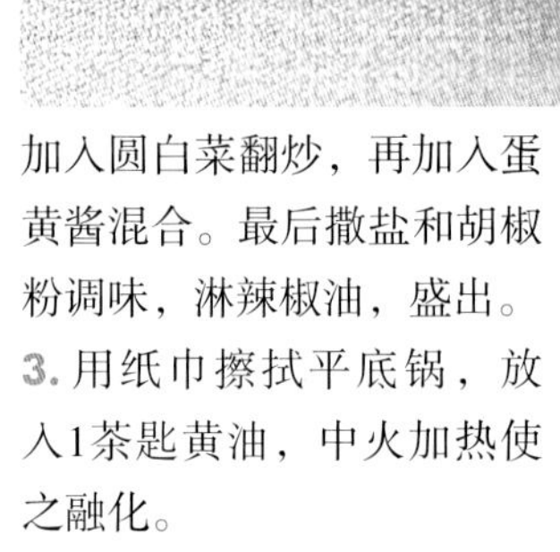

3. 用纸巾擦拭平底锅，放入1茶匙黄油，中火加热使之融化。
4. 将饼皮里面朝下放锅中，烘烤10秒钟，翻面。
5. 将饼皮折成3折，放入盘中，盛上半份②。
6. 重复操作步骤③～⑤，制作2人份。

山芋和杏鲍菇的口感好，柔滑而不腻，可以当作菜品来食用

山芋牛肉烘饼

◎ 饼皮（直径26厘米×6张）

荞麦粉——1杯
盐——一小撮
1个鸡蛋＋水＝400毫升

※请参照P8～11烘烤饼皮。

◎ 材料（2人份）

法式烘饼饼皮（直径26厘米）——2张
黄油（加热用）——2茶匙
牛肉——150克
山芋——80克
杏鲍菇——1个
酒——1/2汤匙
黄油——1茶匙
酱油——1茶匙
盐、胡椒粉——各少许
色拉油——1汤匙
有喙欧芹——适量

● 做法

1. 牛肉放室温下回暖，切成骰子块，加少量盐和胡椒粉。山芋切成和牛肉同等大小的块，杏鲍菇切成小块。
2. 锅中倒入色拉油，中火翻炒山芋，加杏鲍菇继续翻炒。加入牛肉，炒至表面变色，加入盐和胡椒粉调味。烹入酒，大火翻炒，加入1茶匙黄油，中火加热使之融化，淋上酱油，盛装。
3. 用纸巾擦拭平底锅，放入1茶匙黄油，中火加热，使之融化。
4. 将饼皮的里面朝下放入锅中，烘烤10秒钟左右翻面。
5. 盛装半份②于饼皮上，将饼皮的两边向中央折叠成衣领状，盛盘，装饰上有喙欧芹。
6. 重复操作步骤③～⑤，制作2人份。

煎制金枪鱼时，蘘荷和洋葱的味道让人爱不释口

煎金枪鱼香蔬烘饼

将金枪鱼平放到西点盘中，均匀地撒上胡椒粉。

从侧面看，1/3的高度变为白色即可翻面。

用刀斜着切薄片。

◎饼皮（直径15厘米×10张）

荞麦粉——1杯
盐——一小撮
1个鸡蛋＋水＝400毫升

※请参照P8～11烘烤饼皮。

◎材料（2人份）

法式烘饼饼皮（直径15厘米）——4张
黄油（加热用）——2茶匙
金枪鱼——150克
蘘荷——1个
洋葱——20克
黑胡椒粉——2汤匙
盐——少许
色拉油——1/2汤匙

• **蛋黄酱沙司**

A
- 橄榄油——1茶匙
- 意大利高级酿造醋——1茶匙
- 蛋黄酱——2汤匙
- 盐、胡椒粉——各少量

水芹——适量

●做法

1. 在金枪鱼上撒盐，腌渍10分钟左右，用纸巾将水分擦干。将蘘荷和洋葱切成薄片。
2. 将黑胡椒粉拌入①的金枪鱼中。
3. 在平底锅中放入色拉油，中火加热，将②的金枪鱼两面煎。然后取出放到砧板上，散去余热后，斜着切成1厘米厚的薄片。
4. 用纸巾轻轻擦拭平底锅，再放入1/2茶匙黄油（加热用），中火加热，使之融化。
5. 将饼皮的里面朝下，放入锅中，烘烤10秒钟左右，翻面。
6. 重复操作步骤④和⑤，烘烤2张饼皮。
7. 将饼皮对折摆放到盘子中，中间放上半份③的金枪鱼，装饰上半份的蘘荷、洋葱和水芹。将A充分混合制作蛋黄酱沙司，取其中半份淋在盘中。
8. 重复操作步骤④～⑦，制作2人份。

清爽的味道和十足的嚼劲让你百吃不厌

醋拌紫甘蓝香肠烘饼

◎饼皮（直径26厘米×6张）

荞麦粉——1杯
盐——一小撮
1个鸡蛋＋水＝400毫升

※**请参照P8～11烘烤饼皮**。

◎材料（2人份）

法式烘饼饼皮（直径26厘米）——2张
黄油（加热用）——2茶匙
紫甘蓝——200克
维也纳香肠——2根
盐——1/2茶匙
色拉油——1/2茶匙

•腌泡汁

A
蒜瓣——1个
橄榄油——2汤匙
白葡萄酒——2汤匙
西洋醋——2汤匙
砂糖——1/2汤匙
盐——1茶匙
胡椒粉——少许

●做法

1. 将紫甘蓝切成粗丝，拌入盐，腌渍10分钟左右，沥干水分。
2. 将A中的蒜切成两半，去掉芽，用刀背将其捣碎。与A中其他材料一起放入小锅中，中火烧沸。关火后，趁热放入①的紫甘蓝，充分搅拌，室温下放凉。
3. 在维也纳香肠的表面切出格子纹，在平底锅中放入色拉油，倒入香肠翻炒后盛出备用。
4. 用纸巾轻轻擦拭平底锅，放入1茶匙黄油（加热用），中火加热使之融化。
5. 将饼皮的里面朝下，放入锅中，烘烤10秒钟左右，翻面。
6. 盛放上半份②的紫甘蓝和③的香肠，将饼皮两侧向中间折起呈衣领状，摆放在盘中。
7. 重复操作步骤④～⑥，制作2人份。

这款健康烘饼的口感丰富，多变的口味尤其受到女性青睐

苹果沙拉烘饼

◎**饼皮**（直径15厘米×10张）

荞麦粉——1杯
盐——一小撮
1个鸡蛋＋水＝400毫升

※**请参照P8～11烘烤饼皮**。

◎**材料**（2人份）

法式烘饼饼皮（直径15厘米）——4张
黄油（加热用）——2茶匙
苹果——1/2个
芹菜——1/2根
水菜——1根
奶酪——30克
葡萄干——2汤匙
核桃仁——4个

•**调味汁**

A
- 蛋黄酱——1汤匙
- 橄榄油——2汤匙
- 芥末粒——1/2茶匙
- 盐、胡椒粉——各少许

做法

1. 将苹果切成两半，去掉芯部，切成火柴棍大小。芹菜去筋，切成和苹果一样的形状。水菜切成3厘米的段。奶酪切成5厘米的块。
2. 将A混合均匀，制作调味汁，拌入①和葡萄干，盛入盘中。
3. 将核桃仁放入平底锅中，小火清炒，放凉后装饰在②上。
4. 在平底锅中放入1/2茶匙黄油（加热用），加热使之融化。
5. 将饼皮里面朝下，放入平底锅中，烘烤10秒左右，翻面。
6. 重复操作步骤④和⑤，制作2人份，卷沙拉食用。

蔬菜法式烘饼

使用大量蔬菜制作而成的健康法式烘饼。
利用调味汁提升味道，使得口感更加浓香。

vegetable galette

蔬菜的品种较多，饼皮也嚼劲十足，是一款超赞的烘饼

沙拉烘饼

◎饼皮（直径26厘米×6张）

荞麦粉——1杯
盐——一小撮
1个鸡蛋＋水＝400毫升

※请参照P8～11烘烤饼皮。

◎材料（2人份）

法式烘饼饼皮（直径26厘米）——2张
个人喜好的凉拌类蔬菜（生菜、芝麻菜等）——150克
里脊火腿——2片

• **法式沙拉调味汁**

A
- 白葡萄酒醋——1汤匙
- 芥末粒——1/2茶匙
- 盐、胡椒粉——各少量
- 色拉油——3汤匙

●做法

1. 蔬菜洗净，沥干水分。饼皮和火腿均切成长3～4厘米的段，和蔬菜一起盛放到盘中。
2. 将A的材料放入盆中，充分混合，制作法式沙拉调味汁，淋在①上。

放在饼皮上的小沙丁鱼和半熟的鸡蛋增强了蔬菜的美味

土豆沙拉半熟蛋烘饼

◎饼皮（直径26厘米×6张）

荞麦粉——1杯
盐——一小撮
1个鸡蛋＋水＝400毫升

※在2人份的面糊中拌入小沙丁鱼。
小沙丁鱼
——1汤匙

※请参照P8～11烘烤饼皮。

◎材料（2人份）

法式烘饼饼皮（直径26厘米）
——2张
黄油（加热用）——2茶匙
西蓝花——1/4个
蚕豆——12粒
甜豌豆——8个
鸡蛋——2个

•中式调味汁

A
- 醋——1汤匙
- 砂糖——一小撮
- 酱油——2茶匙
- 姜汁——1/3茶匙
- 精白芝麻油（或者普通芝麻油）——1汤匙

●做法

1. 将西蓝花分成小朵，蚕豆去掉外皮，甜豌豆去筋。
2. 在锅中放入足量的水烧沸，转小火，加盐。用针在鸡蛋的大头一侧扎两个孔，放入水中煮3分钟。
3. 在②中放入①的西蓝花、豌豆和蚕豆，再煮2分钟。
4. 用面粉筛捞起，沥干水分，鸡蛋用冷水略泡剥皮。
5. 在盆中放入A，充分混合，拌上④的蔬菜。
6. 在平底锅中放入1茶匙黄油，加热使之融化。
7. 将饼皮里面朝下放入平底锅中，烘烤10秒钟左右，翻面。
8. 将饼皮切成两半，放到盘中，放半份⑤中的蔬菜，装饰上1个④中的鸡蛋。
9. 重复操作步骤⑥～⑧，制作2人份。

只要有蓝纹奶酪调味汁，再普通的烘饼也会变幻出截然不同的味道

熏鲑鱼奶酪沙拉烘饼

◎饼皮（直径26厘米×6张）

荞麦粉——1杯
盐——一小撮
1个鸡蛋＋水＝400毫升

※**请参照P8～11烘烤饼皮**。

◎材料（2人份）

法式烘饼饼皮（直径26厘米）——2张
黄油（加热用）——2茶匙
鸡蛋——2个
熏鲑鱼——8块
个人喜好的凉拌类蔬菜——80克
洋葱——10克
盐、胡椒粉——各少许

•蓝纹奶酪调味汁

A
- 蓝纹奶酪——10克
- 白葡萄酒醋——1汤匙
- 芥末粒——1/2茶匙
- 盐、胡椒粉——各少许
- 色拉油——3汤匙

马槟榔*——适量

*马槟榔
又名马金囊、水槟榔、紫槟榔。将其花苞通过盐腌或者醋泡制作而成。

●做法

1. 在平底锅中放入1茶匙黄油（加热用），加热，使之融化。
2. 将饼皮里面朝下放入平底锅中，烘烤10秒钟左右，翻面。
3. 在饼皮中央轻轻打入一个鸡蛋，待鸡蛋半熟之后将饼皮四边折叠，使饼皮成正方形，盛入盘中。
4. 放上半份蔬菜、熏鲑鱼、切成薄片的洋葱和马槟榔，撒上盐和胡椒粉。
5. 重复操作步骤①～④，制作2人份。
6. 将A的材料放入盆中，充分混合，制作蓝纹奶酪调味汁。食用之前每人在制作好的烘饼上淋上半份调味汁。

品味西洋醋调制出的沙拉般清爽的味道

什锦豆尼斯沙拉烘饼

◎饼皮（直径26厘米×6张）

荞麦粉——1杯
盐——一小撮
1个鸡蛋＋水
＝400毫升

※在2人份的面糊中拌入什锦种子。
什锦种子——2茶匙

※请参照P8～11烘烤饼皮。

◎材料（2人份）

法式烘饼饼皮（直径26厘米）
——2张
黄油（加热用）——2茶匙
什锦种子——1/2杯
蒜肠丝——10克
米饭——1/2杯
洋葱末——10克
盐、胡椒粉——各少许
A
蛋黄酱——1汤匙
色拉油——2汤匙
白葡萄酒醋——1/2汤匙
芥末粒——1/2茶匙
香芹——适量

●做法

1. 在盆中放入A的材料，充分混合，加入什锦种子、蒜肠丝、米饭和洋葱末，放入盐和胡椒粉调味。
2. 在平底锅中放入1茶匙黄油（加热用），中火加热，使之融化。
3. 将饼皮里面朝下放入平底锅中，烘烤10秒钟左右，翻面。
4. 盛放上半份①，包成扇形，然后盛放入盘中，装饰上香芹。
5. 重复操作步骤②～④，制作2人份。

创意法式烘饼

**既可以添加到奶汁烤菜中，也可以别出心裁地加入汤品中。
尝试各种独创的食谱，感受下花样烘饼的多姿多彩。**

将饼皮卷起来，看起来无敌可爱，很适合郊游

生火腿烘饼卷

由于没有搅拌，直接烘烤，所以能够感受到咖喱粉的香气和味道。

将生菜和生火腿切成和饼皮同样大小，盛装后外形更加美观。

卷饼皮时，注意不要将保鲜膜卷进去。

◎米粉饼皮
（直径15厘米×3～4张）

米粉——50克
鸡蛋＋牛奶＝150毫升

※在面糊中拌入咖喱粉。
咖喱粉——1茶匙

※请参照P8～11烘烤饼皮。醒面30分钟，用色拉油（总共1/2茶匙）烘烤。

◎材料（2人份）

米粉饼皮——2张
生火腿——4片
生菜——2片
胡椒粉——少许

A
- 鸡蛋——1个
- 牛奶——1汤匙
- 盐、胡椒粉——各少许

色拉油——1/2茶匙

•沙司

B
- 白葡萄醋——1茶匙
- 芥末——1/2茶匙
- 盐、胡椒粉——各少许
- 橄榄油——2汤匙

●做法

1. 将A充分混合，在平底锅中放入色拉油，煎制2张鸡蛋薄饼。
2. 将饼皮放在保鲜膜上，分别放上半份①中的鸡蛋饼以及半份生菜和生火腿，撒上胡椒粉。从一端卷起成卷状，把每卷切成4段，放入盘中。
3. 重复操作步骤②，制作2人份。
4. 将B充分混合，食用前分别淋在每份饼皮上。

拥有意大利面食般口感的法式烘饼，是人人喜爱的创意美食

奶汁烤玉米渣烘饼

可以感受到玉米粉的颗粒感。

当沙司变得黏稠之后，要注意搅拌，以免干锅。

使用大勺子，更容易夹人沙司。

◎玉米面饼皮

（直径15厘米×3～4张）

玉米面——1/3杯
低筋面粉——2/3杯
鸡蛋——1个
牛奶——1杯
盐—— 一小撮

※请参照P8～11烘烤饼皮。
醒面30分钟，用黄油（总共1汤匙）烘烤。

◎材料（2人份）

玉米面饼皮——3张
里脊火腿——50克（3～4片）
口蘑——4个
玉米粒——1/4杯
煮鸡蛋——2个
洋葱末——20克
低筋面粉——2汤匙
牛奶——400毫升
植物鲜奶油——50毫升
奶酪片——2片
盐、胡椒粉——各少许
黄油——30克

●做法

1. 将里脊火腿切块，口蘑切薄片，煮鸡蛋切圆片。将饼皮切成与奶汁烤菜盘子同等大小。
2. 在锅中放入黄油，小火加热使之融化，放入洋葱末炒至熟软。加入里脊火腿和口蘑，稍炒一下。
3. 撒入低筋面粉，炒至没有粉粒，加入200毫升牛奶，充分搅拌至柔滑。
4. 加入剩余的牛奶、植物鲜奶油和玉米粒，小火煮5分钟左右，注意不要干锅，加入盐和胡椒粉调味。
5. 在奶汁烤菜盘子的内部涂抹黄油（材料用量外），交替放入①中的饼皮和④，上面摆放煮鸡蛋和奶酪片，放入预热至200℃的烤箱中烘焙10分钟左右（也可以使用烤面包机或烤鱼网）。

荞麦饼皮的表层微微润湿后，口感更加黏稠香浓

烘饼蔬菜汤

◎ **饼皮**（直径26厘米×6张）

荞麦粉——1杯
盐——一小撮
1个鸡蛋＋水＝400毫升

※**请参照**P8～11**烘烤饼皮**。

◎ **材料**（2人份）

法式烘饼饼皮（直径26厘米）——1张
土豆（小）——1个
芹菜——1/2根
洋葱——1/2个
胡萝卜——1/2根
甜豌豆——4个
培根——20克
鸡精——1/2汤匙
水——1升
盐、胡椒粉——各少许

● **做法**

1. 土豆、芹菜、洋葱、胡萝卜洗净，切1厘米方块。培根切成同等大小的块。
2. 在锅中放入水和鸡精，中火烧沸，放入芹菜、洋葱、胡萝卜和培根，再次烧沸，撇掉沫，小火煮10分钟左右至蔬菜变柔软。
3. 将甜豌豆斜着切成长2厘米的段，饼皮切成2厘米的方块，加入②的汤中略煮一会，加入盐和胡椒粉调味后盛出。

用明太子调和蔬菜、湿润爽口、美味让人上瘾

青椒明太子烤烘饼

◎低筋面粉饼皮

（直径15厘米×2张）

荞麦粉——1/4杯
低筋面粉——1/4杯
盐—— 一小撮
1个鸡蛋＋水＝200毫升

※请参照P8～9混合材料，醒面1个小时。

◎材料（2人份）

青椒——2个
水芹——2根
洋葱末——2汤匙
辣味明太子——1/2片
盐、胡椒粉——各少许
色拉油——1汤匙

●做法

1. 青椒去子，切成圆片。水芹切成3厘米长的段。明太子切成1厘米的方块。
2. 在平底锅中放入1/2汤匙的色拉油，中火烧热，分别放入半份①的青椒和水芹，以及洋葱末，略炒一下，加入半份明太子继续炒，加入盐和胡椒粉调味。
3. 将面糊从盆底翻拌，倒半份到②的平底锅中，烤3分钟翻面，再烤1分钟。
4. 切成4等份，盛盘。
5. 重复操作步骤②～④，制作2人份。

非粉类法式烘饼

法式烘饼的原意是“薄而圆的烘制食品”。
将奶酪或薄片食品等烘烤一下，也能成就别有风味的烘饼！

在烤酥的奶酪上添加喜欢的馅料，可以当作下酒菜

奶酪烘饼

表面冒出小泡即可关火。

水分烤干、边缘变为茶色后，用煎铲取出。

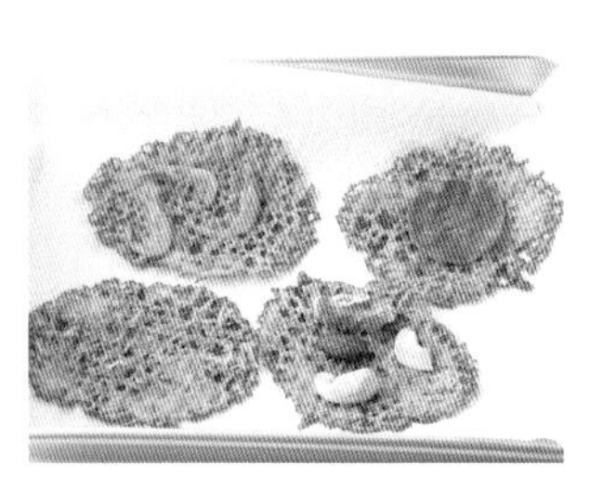
用纸巾等取出后放凉食用，口感会更加酥脆。

◎材料（2人份）

披萨专用奶酪（碎末状）——120克

•配品

- 蒜肠——2片
- 杏仁、腰果等——适量
- 小沙丁鱼——1汤匙
- 樱虾——适量
- 色拉油——适量

●做法

1. 用纸巾在平底锅中涂抹上薄薄一层色拉油，将每15克奶酪摊开成直径为5厘米的圆形，小火烘烤。
2. 当奶酪融化，全体冒出小气泡后，在中间添加配料，关火。
3. 用煎铲轻轻取出，放到西点盘中。放凉后就会变得酥脆。

玉米的甜香很突出，口感韧劲十足，是一道超赞的茶点

玉米片烘饼

◎ **材料**（2人份）

玉米片——1杯
砂糖——1/2汤匙
盐——一小撮
牛奶——2汤匙
鸡蛋——1个
番茄干——8个
黄油——10克
薄荷叶——适量

● **做法**

1. 将黄油和薄荷叶以外的所有材料放入盆中，玉米片粗粗捣碎后，充分混合。
2. 将①分成4等份，整理成直径为5厘米厚的圆形。在平底锅中抹上黄油，烧制成金黄色。
3. 盛放到盘中，装饰上薄荷叶。

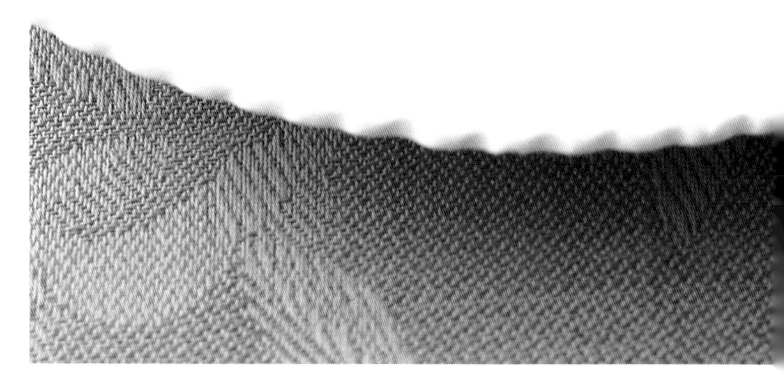

土豆的酥脆和鲑鱼的咸味极其协调

土豆丝烘饼

◎**材料**（2人份）

土豆——1个（大）
熏鲑鱼——20克

A
- 荷兰芹末——1汤匙
- 奶酪粉（帕尔马干酪等）——1汤匙
- 低筋面粉——1汤匙
- 牛奶——1汤匙
- 盐、胡椒粉——各少许

黄油——1汤匙

●**做法**

1. 将土豆和熏鲑鱼切丝（土豆无须用水焯）。

2. 将①的土豆、鲑鱼和A的全部材料一起放入盆中，充分混合。

3. 把黄油放入平底锅中，中火加热使之融化，将②分成2等份，放入锅中摊平。

4. 利用煎铲等工具将③压实，煎至土豆两面焦黄，盛入盘中。

sweet galette

甜品类法式烘饼

在法国，将烘饼的饼皮搭配甜品食用也是一种传统吃法。
下面介绍几款使用荞麦粉提香的美味甜品。

法式烘饼的朴素味道恰好搭配浓香的焦糖沙司

有盐黄油焦糖烘饼

◎ **饼皮**（直径15厘米×10张）

荞麦粉——1杯
盐——一小撮
1个鸡蛋＋水＝400毫升

※**请参照**P8～11**烘烤饼皮**。

◎ **材料**（2人份）

法式烘饼饼皮（直径15厘米）——6张
植物鲜奶油——50毫升
砂糖——50克
粗盐——1/8茶匙
水——1茶匙
黄油——15克

● **做法**

1. 将饼皮卷好，每个盘中盛放3个。
2. 将植物鲜奶油放入耐热容器中，轻轻盖上保鲜膜，放入600瓦的微波炉中加热10秒钟左右。
3. 在大一点的耐热容器中放入砂糖和水，用筷子搅拌，放入600瓦的微波炉中加热2分钟左右至焦糖色。
4. 在③的焦糖中轻轻加入②的植物鲜奶油（因为会浮起小泡，要谨防烫伤），余热散去之后加入粗盐，放凉至黏稠。
5. 将④均匀地淋在①上，放上半份黄油。
6. 重复操作步骤⑤，制作2人份。

用橙子改变牛奶蛋糊的味道，调制适合成人的创新口味

橙味牛奶蛋糊烘饼

◎饼皮（直径26厘米×6张）

荞麦粉——1杯
盐——一小撮
1个鸡蛋＋水＝400毫升

※请参照P8～11烘烤饼皮。

◎材料（2人份）

法式烘饼饼皮（直径26厘米）——2张
黄油（加热用）——2茶匙
橙肉——1个
橙汁——100毫升
杏仁片——适量
玉米片——5克
低筋面粉——5克
砂糖——20克
蛋黄——1个
黄油——1茶匙

●做法

1. 在平底锅中放入杏仁片，小火烤好后取出，放凉。
2. 在盆中放入砂糖和蛋黄，用打蛋器搅拌至变白，撒上玉米片和低筋面粉，充分混合。
3. 在锅中放入橙汁加热至冒热气，之后将其一点点加入②中，混合。融合柔滑之后，倒回锅中。
4. 小火加热③的锅中材料，用木勺不断搅拌，黏稠之后继续煮2分钟，离火。
5. 在④的材料内加入1茶匙黄油，充分混合，用刮板摊平。贴合表面盖上保鲜膜，放凉。
6. 在平底锅中放入1茶匙黄油（加热用），加热，使之融化。
7. 将饼皮里面朝下放入平底锅中，烘烤10秒钟左右，翻面。
8. 将饼皮四边折叠，使饼皮成长方形，接口朝下放置在盘中，放上半份⑤中的橙味牛奶蛋糊和半份橙肉，撒上①中的杏仁片。
9. 重复操作步骤⑥～⑧，制作2人份。

添加个人喜爱的各种水果，美味惊喜接连不断

水果沙拉烘饼

◎ **饼皮**（直径15厘米×10张）

荞麦粉——1杯
盐——一小撮
1个鸡蛋＋水＝400毫升

※请参照P8～11烘烤饼皮。

◎ **材料**（2人份）

法式烘饼饼皮（直径15厘米）——2张
香蕉——1根
猕猴桃——1个
草莓——6个
苹果——1/4个
A
- 植物鲜奶油——1汤匙
- 原味酸奶——1汤匙
- 蛋黄酱——1汤匙
- 砂糖——1茶匙

薄荷叶——适量

● **做法**

1. 将水果切成易于食用的大小，放入盆中。
2. 将A的材料放入①中，搅拌均匀。
3. 将每张饼皮铺在盘中，分别盛上半份的②，然后装饰上薄荷叶。

Part 3 色香味的诱惑——可丽饼

花样可丽饼

添加水果、巧克力、冰激凌等，赋予饼皮各种灵动的风味和口感。
接下来介绍的这些锦上添花的创意，一定要留意学习哦！

various crêpe

甘甜的橘子酱非常适合搭配清淡的饼皮

自制柑橘果酱可丽饼

用叉子等工具将柑橘果肉捣碎，拌入砂糖和盐。

撤掉保鲜膜后放凉。然后装入密闭容器中，放入冰箱冷藏，可以保存2周左右。

◎饼皮（直径26厘米×4张）

低筋面粉——1杯
砂糖——1汤匙
1个鸡蛋＋牛奶＝300毫升

※请参照P8～11烘烤饼皮。

◎材料（2人份）

可丽饼饼皮（直径26厘米）——2张
黄油（加热用）——2茶匙

•简单柑橘果酱

A
- 橘子——150克
- 砂糖——75克
- 盐——一小撮

●做法

1. 将A的橘子去皮，横切成两半，放入耐热容器中，添加砂糖和盐，搅拌一下。
2. 轻轻盖上保鲜膜，放入600瓦的微波炉中加热10分钟左右。
3. 待②变稀之后，撤掉保鲜膜，继续加热2～3分钟，烘干水分。用筷子等工具搅拌混合一下，放凉，制作简单的柑橘果酱。
4. 将1茶匙黄油（加热用）放入平底锅中，中火加热使之融化。
5. 将饼皮里面朝下烘焙10秒钟左右，翻面。
6. 折叠2次，使饼皮成为扇形，放入盘中，添加③的柑橘果酱。
7. 重复操作步骤④～⑥，制作2人份。

甜味浓郁的香蕉和巧克力的黄金组合

酒烧香蕉巧克力沙司可丽饼

◎ 饼皮（直径26厘米×4张）

低筋面粉——1杯
砂糖——1汤匙
1个鸡蛋＋牛奶＝300毫升

※请参照P8～11烘烤饼皮。

◎ 材料（2人份）

可丽饼饼皮（直径26厘米）——2张
黄油（加热用）——2茶匙
香蕉——2根
甜巧克力——30克
黄油——1汤匙
砂糖——1汤匙
朗姆酒——1汤匙

● 做法

1. 将甜巧克力切碎，放入不锈钢盆中，坐入50～60℃的热水中隔水加热使之融化。用木勺搅拌至柔滑，制作巧克力沙司。
2. 将1茶匙黄油（加热用）放入平底锅中，中火加热使之融化。
3. 将饼皮里面朝下烘焙10秒钟左右，翻面。然后对折，卷成帽子状放入盆中。
4. 重复操作步骤②和③，制作2人份。
5. 在平底锅中放入1汤匙黄油，中火加热使之融化，加入砂糖和切成1厘米厚的香蕉片，炒至砂糖融化。烹入朗姆酒，大火煮30秒，让酒精充分挥发。
6. 将半份⑤中的香蕉放在③的饼皮上，淋上①的巧克力沙司。

炒至砂糖略微变成焦糖状。

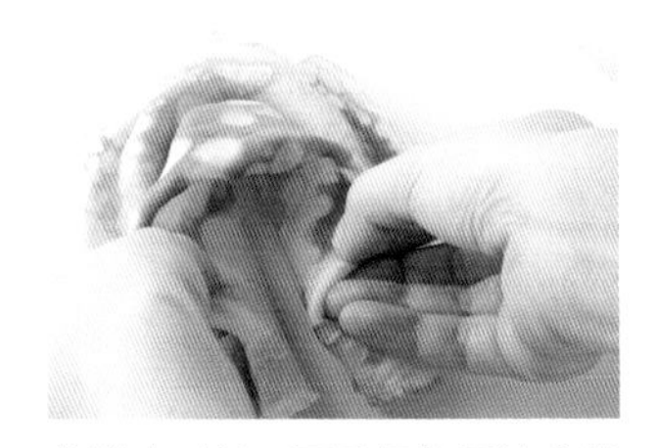
将饼皮对折，两手捏住两端合拢使中间凸起。

巧克力味饼皮烤好后再撒上糖粉，使口感更加清爽

巧克力可丽饼

◎巧克力饼皮

（直径15厘米×6张）

黑巧克力——30克
牛奶——120毫升
鸡蛋——1个
砂糖——20克
低筋面粉——2汤匙
黄油（无盐）——1汤匙
色拉油——适量

◎材料（2人份）

糖粉——适量

●做法

1. 在小一点的耐热容器中放入黄油，盖上保鲜膜，放入600瓦的微波炉中加热10秒钟左右，使之融化。
2. 将黑巧克力切碎，放入盆中。
3. 在小锅中放入牛奶，小火加热至冒热气，倒入②中，混合，使巧克力融化。
4. 另取一个盆，放入鸡蛋和砂糖，用打蛋器搅拌混合，撒入低筋面粉，混合，加入③，再次混合均匀。
5. 加入①中融化的黄油，混合，过滤之后用保鲜膜盖好，放入冰箱醒面1个小时左右。
6. 在平底锅中放色拉油，中火加热，多余的油用纸巾轻轻擦拭干净。
7. 用长柄勺倒入适量⑤，转动平底锅，将面糊薄薄摊开。
8. 烘烤30秒左右，边缘浮起之后，用煎铲等翻面。烤至干燥，盛放到盘中。
9. 重复操作步骤⑥～⑧，制作2人份。
10. 用过滤网撒上糖粉。

软绵绵的植物鲜奶油和栗子葡萄干超级协调

栗子可丽饼

◎饼皮（直径15厘米×6张）

低筋面粉——1杯
砂糖——1汤匙
1个鸡蛋＋牛奶＝300毫升

※**请参照**P8～11**烘烤饼皮**。

◎材料（2人份）

可丽饼饼皮（直径15厘米）——2张
栗子酱*——50克
黄油（无盐）——1汤匙
白兰地——1茶匙
植物鲜奶油——50毫升
葡萄干——1汤匙
糖水煮栗子——4个
杏仁片——6个
糖粉——适量

*栗子酱
将蒸熟的栗子捣碎，加入砂糖等调味料制成。可在百货店或大型超市购买。

●做法

1. 将杏仁片放入平底锅中清烤后取出，放凉。
2. 在盆中放入黄油，用打蛋器打发至柔软，加入栗子酱，搅拌至柔滑，再加入白兰地拌匀。
3. 另取一个盆放入植物鲜奶油，打发至奶油滴落呈尖角的八分硬度，加入②中，充分混合。
4. 将2个糖水煮过的栗子切成大块，和葡萄干一起加入③中。
5. 在饼皮中放上半份④，包成正方形，接口朝下放置在盘中。在饼皮中央用剪刀划出十字，分别在每份饼皮上装饰半份剩余的栗子和①的杏仁，然后用过滤网撒上糖粉。
6. 重复操作步骤⑤，制作2人份。

微苦的沙司搭配洋梨，交融的美味让人惊喜

洋梨坚果焦糖可丽饼

◎ **饼皮**（直径26厘米×4张）

低筋面粉——1杯
砂糖——1汤匙
1个鸡蛋＋牛奶＝300毫升

※在2人份的饼皮中拌入什锦坚果。
什锦坚果——适量

※请参照P8～11烘烤饼皮。

◎ **材料**（2人份）

可丽饼饼皮（直径26厘米）——2张
黄油（加热用）——2茶匙
洋梨（罐头）——2片
砂糖——50克
水——1茶匙
热水——1/2汤匙

● **做法**

1. 在锅中放入砂糖和水搅拌，中火煮至焦糖状，离火。加入热水，转动锅，制作柔滑的焦糖沙司。

2. 将1茶匙黄油（加热用）放入平底锅中，中火加热使之融化。

3. 将饼皮里面朝下烘焙10秒钟左右，翻面。

4. 将③的饼皮切半，取一份从一端开始卷成扇形，放入盘中。

5. 在盘中装饰上半份切成薄片的洋梨，淋上①的焦糖沙司。

6. 重复操作步骤②～⑤，制作2人份。

苦味饼皮搭配甜杏仁，再搭配冰激凌，构成最完美的组合

咖啡杏仁可丽饼

◎ **饼皮**（直径15厘米×6张）

低筋面粉——1杯
砂糖——1汤匙
1个鸡蛋＋牛奶＝300毫升

※在粉类中添加鸡蛋、砂糖和牛奶时，也加入咖啡。
速溶咖啡
——1茶匙

※请参照P8～11烘烤饼皮。

◎ **材料**（2人份）

可丽饼饼皮（直径15厘米）
——4张
杏仁片——1/2杯
黄油——30克
砂糖——30克
蜂蜜——30克
植物鲜奶油——2汤匙
速溶咖啡——1茶匙
热水——1汤匙

● 做法

1. 将杏仁片放入平底锅中煎一下，放凉备用。
2. 用热水冲开速溶咖啡。
3. 将除了杏仁片以外的材料放入平底锅中，中火煮，加入①中的杏仁片，用木勺搅拌混合，取出后摊放在烘焙油纸上，放凉。
4. 将饼皮和③中大块的杏仁糖交替摆放在盘中，用饼皮包裹杏仁糖食用。

利用苹果的酸味以及蜂蜜的甘甜打造清爽味道

蜂蜜苹果可丽饼

◎饼皮（直径26厘米×4张）

低筋面粉——1杯
砂糖——1汤匙
1个鸡蛋＋牛奶＝300毫升

※**请参照**P8～11**烘烤饼皮**。

◎材料（2人份）

可丽饼饼皮（直径26厘米）——2张
黄油（加热用）——2茶匙
苹果——1个
黄油——2汤匙
砂糖——1汤匙
柠檬汁——1茶匙
蜂蜜——2汤匙
肉桂粉——少许

●做法

1. 将苹果去心，切成1厘米厚的半月形。
2. 在平底锅中放入2茶匙黄油，中火加热使之融化，加入①的苹果，炒至黄油和苹果均匀融合。
3. 加入砂糖、柠檬汁和蜂蜜，加盖，小火蒸煮3分钟左右至苹果柔软。
4. 将1茶匙黄油（加热用）放入平底锅中，中火加热使之融化。
5. 将饼皮里面朝下放入锅中，烘焙10秒钟，翻面。
6. 折叠成波浪形摆放在盘中，添加半份③中的苹果，撒上肉桂粉。
7. 重复操作步骤④～⑥，制作2人份。

融化黏稠的果汁软糖和清爽美味的冰激凌，堪称绝妙组合

冰激凌果汁软糖可丽饼

◎ 饼皮（直径26厘米×4张）

低筋面粉——1杯
砂糖——1汤匙
1个鸡蛋＋牛奶＝300毫升

※在2人份的饼皮中拌入蓝莓干。

蓝莓干——1汤匙

※请参照P8～11烘烤饼皮。

◎ 材料（2人份）

可丽饼饼皮（直径26厘米）——2张
黄油（加热用）——2茶匙
果汁软糖——12个
香草冰激凌——适量

● 做法

1. 将1茶匙黄油（加热用）放入平底锅中，中火加热使之融化。
2. 将饼皮里面朝下，烘焙10秒钟左右，翻面。
3. 在②的饼皮上摆放6个果汁软糖，烘烤1分钟左右，折叠4折直至呈扇形，放入盘中。
4. 食用之前，装饰上香草冰激凌。
5. 重复操作步骤①～④，制作2人份。

这款烘饼不仅长相甜美，还带有糖浆清爽的余味

草莓甜奶油可丽饼

◎米粉饼皮

（直径15厘米×6张）

A
- 米粉——50克
- 砂糖——1汤匙
- 鸡蛋＋牛奶＝100毫升

石榴糖浆*（也可以用草莓糖浆或刨冰用糖浆代替）——1/2茶匙

*石榴糖浆

用石榴汁和砂糖制作而成的糖浆。用于甜品和鸡尾酒的着色和提香。

※加入A的材料和糖浆，混合，放置30分钟，用色拉油（适量）烘烤。

◎材料（2人份）

米粉饼皮——2张

植物鲜奶油——100毫升

砂糖——1.5汤匙

草莓——4个

薄荷叶——适量

糖粉——适量

●做法

1. 在盆中放入植物鲜奶油、砂糖，用打蛋器打发至奶油滴落呈尖角的八分硬度，拌入切成3厘米的草莓块。
2. 将半份①盛放到饼皮上，包裹成荷包状，然后用薄荷叶将两边固定住，放在盘中。
3. 用过滤网撒上糖粉。
4. 重复操作步骤②和③，制作2人份。

在混合好的面糊中，一边观察颜色一边加入糖浆。

为了保持漂亮的粉色，要用小火烤，不要烤成金黄色。

在打发奶油中加入草莓，轻轻混合均匀。

用蓝柑桂酒和菠萝打造夏威夷风格

菠萝杏仁可丽饼

◎米粉饼皮

（直径26厘米×约4张）

A
- 米粉——50克
- 砂糖——1汤匙
- 鸡蛋＋牛奶＝100毫升

蓝柑桂酒*——1茶匙

*蓝柑桂酒
用橙皮调味的香气浓郁的利口酒。由于味道甜美，也用于制作鸡尾酒等。

※加入A的材料和蓝柑桂酒，混合，放置30分钟，用色拉油（适量）烘烤。

◎材料（2人份）

米粉饼皮——2张
植物鲜奶油——100毫升
砂糖——1汤匙
蓝柑桂酒——1/2茶匙
菠萝片（罐头）——4片
杏仁片——适量

●做法

1. 将杏仁片清烤一下，取出放凉。
2. 在盆中放入植物鲜奶油和砂糖，用打蛋器打发至奶油滴落呈尖角的八分硬度，加入蓝柑桂酒，充分混合。
3. 在饼皮中放上半份②，放上两片切成两半的菠萝。对折放入盘中，撒上①的杏仁片。
4. 重复操作步骤③，制作2人份。

用长柄勺捞出面糊，淋上糖浆。

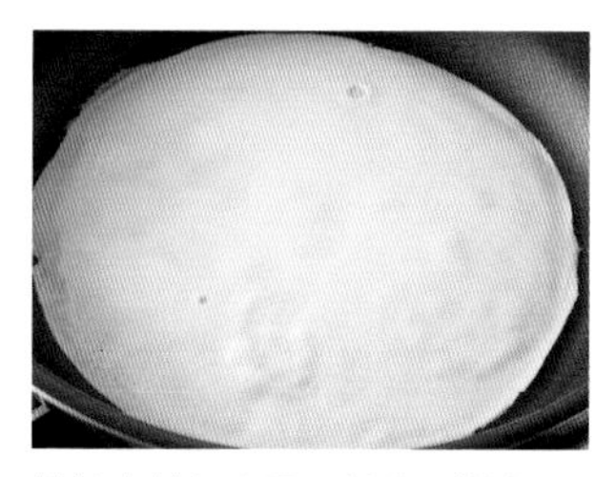

烘烤出蓝色大理石花纹的饼皮。

日式风味可丽饼

抹茶搭配红豆，红糖搭配黄豆面……
日式材料也非常适合做可丽饼。

用抹茶饼皮包裹微甜的南瓜，制作日式点心风格的可丽饼

南瓜红小豆抹茶可丽饼

◎饼皮（直径15厘米×6张）

低筋面粉——1杯
砂糖——1汤匙
1个鸡蛋＋牛奶＝300毫升

※用水将抹茶溶解，拌入面糊中。
抹茶——1汤匙（6张份）
水——1茶匙（6张份）

※请参照P8～11烘烤饼皮。

◎材料（2人份）

可丽饼饼皮（直径15厘米）——2张
南瓜——80克
砂糖——1汤匙
水——1汤匙
肉桂粉——少许
煮红豆——4汤匙

● 做法

1. 将南瓜切成1厘米的块，放入耐热容器中，加入砂糖、水和肉桂粉，盖上保鲜膜，放入600瓦的微波炉中加热6～8分钟左右，放凉。
2. 在饼皮的半面上摊开2汤匙煮红豆，对折。
3. 放上半份①中的南瓜，以此为轴卷起，放入盘中。
4. 重复操作步骤②和③，制作2人份。

先将抹茶用水溶解，再用面糊稀释，倒回面糊盆中。

用大一点的勺子均匀地摊放上煮红豆。

饼皮中散发的樱花的咸味和奶油的甜味非常相配

樱花奶油可丽饼

◎ **饼皮**（直径15厘米×6张）

低筋面粉——1杯
砂糖——1汤匙
1个鸡蛋＋牛奶＝300毫升

※在2人份的饼皮中拌入盐渍樱花。
盐渍樱花——12个

※请参照P8～11烘烤饼皮。

◎ **材料**（2人份）

可丽饼饼皮（直径15厘米）——2张
植物鲜奶油——100毫升
砂糖——2茶匙
朗姆酒——1/2茶匙
糖水煮栗子——4个
薄荷叶——适量

● **做法**

1. 将植物鲜奶油和砂糖放入盆中，打发至奶油滴落呈尖角的八分硬度，用朗姆酒调味。
2. 将饼皮切成4等份，和①一起交替摆放在盘中。将糖水煮的栗子切成块，每份可丽饼上放入一半，然后添加薄荷叶。
3. 重复操作步骤②，制作2人份。

糯米团、红糖浓汁、黄豆面……日式材料的独特组合惊喜无限

糯米黄豆面红糖可丽饼

◎ 饼皮（直径15厘米×6张）

低筋面粉——1杯
砂糖——1汤匙
1个鸡蛋＋牛奶＝300毫升

※在面糊中拌入红糖。
红糖——1汤匙

※请参照P8～11烘烤饼皮。

◎ 材料（2人份）

可丽饼饼皮（直径15厘米）——2张
糯米粉——50克
水——3汤匙
黄豆面——2茶匙
红糖浓汁*——2汤匙
香草冰激凌——适量

● 做法

1. 盆中放糯米粉，加水拌成耳垂硬度，揉至有弹性。
2. 用手团12～15个球形，中间压出凹陷，摆放在铺好保鲜膜的砧板上。
3. 将②放沸水锅中煮，浮起后再煮1～2分钟，捞出过凉。
4. 饼皮放盘中，摆上糯米团，分别撒上1茶匙黄豆面和1汤匙红糖浓汁，最后加香草冰激凌。
5. 重复步骤④，制作2人份。

＊红糖浓汁的做法

材料

（易操作的量，做好后为100毫升）
红糖——50克
三温糖（白糖亦可）——50克
水——50毫升

将材料放入锅中，小火加热使之溶化，完全溶解后煮2～3分钟，离火。余热散去之后，过筛，倒入瓶中保存。放入冰箱冷藏可以保存1周左右。

arranged crêpe

创意可丽饼

充分发挥饼皮出色的口感和柔软的特性，制作更加完美的可丽饼菜肴。

百吃不厌的爽口可丽饼，强调湿润清香的橙子味道

橙子黄油可丽饼

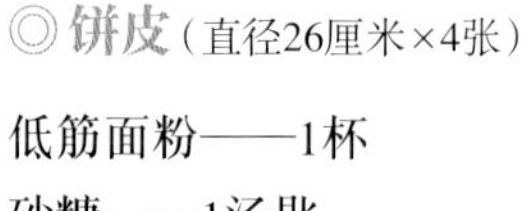

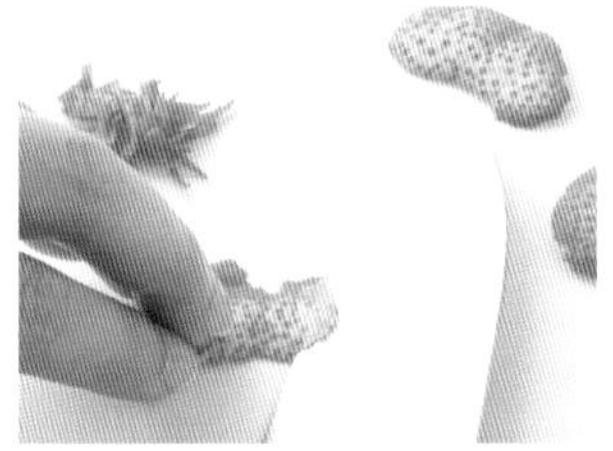

因为白色部分有苦味，所以要去除干净。

点火之前加入果汁。

◎饼皮（直径26厘米×4张）

低筋面粉——1杯
砂糖——1汤匙
1个鸡蛋＋牛奶＝300毫升

※请参照P8～11烘烤饼皮。

◎材料（2人份）

可丽饼饼皮（直径26厘米）——4张
橙皮——1/2个
橙肉——1个
橙汁——2份
砂糖——50克
黄油——20克
火燎用橙味甜酒（没有也可以）——1汤匙

●做法

1. 用刀剥下橙子皮，白色部分刮掉，切成细丝，果实去掉内皮，取出果肉。
2. 榨出2个橙子分量的橙汁备用。
3. 在锅底和锅边涂抹10克黄油，摆放上4张折叠成4折的饼皮。
4. 在③的锅中加入砂糖，撒上①的橙皮，摆放上果肉，倒入200毫升②中的橙汁（如果量不够可以加水调到200毫升）。
5. 将剩余的黄油掰成小块撒在锅中，中火煮沸后，调成小火继续煮3～4分钟。
6. 淋入甜酒，用火燎一下（燎不出火时，可以用大火煮沸，使酒精挥发掉）。

可丽饼中装满黏稠的牛奶蛋糊和水果，香甜饱满入口生香

水果馅可丽饼

◎饼皮（直径15厘米×6张）

低筋面粉——1杯
砂糖——1汤匙
1个鸡蛋＋牛奶＝300毫升

※**请参照**P8～11**烘烤饼皮**。

◎材料（准备一个直径为15厘米的环形模具）

可丽饼饼皮（直径15厘米）——3张
液体黄油——2茶匙
洋梨（罐头）——1片
黄桃（罐头）——1片
樱桃（罐头）——10粒
蓝莓干——2汤匙

A
- 鸡蛋——1个
- 砂糖——40克
- 低筋面粉——1汤匙
- 牛奶、植物鲜奶油——各2汤匙
- 樱桃白兰地（樱桃酒）——1茶匙

●做法

1. 用刷子在模具内侧涂抹上液体黄油。
2. 将饼皮铺到模具中，边缘露出一些。
3. 将洋梨和黄桃切成1厘米的块，和其他水果一起均匀地放入模具中。
4. 在盆中放入A的材料，充分混合，倒入③的模具中，用露在模具外的饼皮当作盖子盖好。
5. 放入烤盘中，倒入1厘米高的热水，放入预热至170℃的烤箱中蒸烤30分钟左右（其间热水烧干后要不断添加）。
6. 用竹签扎一下，没有黏稠的液体粘连在上面即可。散去余热，脱模，盛放到盘中即可（放入冰箱冷藏一下也很美味）。

饼皮露在模具外边没关系，之后可以当作盖子。

要慢慢倒入沙司，以免水果移动。

倒入1厘米高的热水。注意不要将水溅到模具中。

巧用酥脆可丽饼打造全新感觉的法式水果塔

法式水果塔可丽饼

◎饼皮（直径15厘米×6张）

低筋面粉——1杯
砂糖——1汤匙
1个鸡蛋＋牛奶＝300毫升

※**请参照**P8～11**烘烤饼皮**。

◎材料（2人份）

可丽饼饼皮（直径15厘米）——3张
细砂糖——6汤匙
植物鲜奶油——100毫升
砂糖——1汤匙
洋酒（樱桃白兰地等）——1/2茶匙
木莓、蓝莓等个人喜好的水果——适量

●做法

1. 在盆中放入植物鲜奶油和砂糖，用打蛋器搅拌，打发至奶油滴落呈尖角挺立的八分硬度。用樱桃白兰地提香，放入冰箱冷藏。
2. 在烤盘中铺上一层烘焙油纸，摆放上饼皮，在饼皮的两面都撒上细砂糖。
3. 放入预热至190～200℃的烤箱中烘焙6～7分钟至酥脆，放在蛋糕架上放凉后切成两半。
4. 将③放入盘中，挤上①的奶油，摆放上水果。
5. 上面再摞上饼皮，再挤一层奶油，摆放水果，最后放上第三张饼皮。
6. 重复操作步骤④和⑤，制作2人份。

将砂糖均匀撒在可丽饼饼皮的两面。

将饼皮放在透气好的地方干燥，可以保持酥脆。

制作简单的牛奶可丽饼，甜味和苦味相得益彰

牛奶巧克力可丽饼

◎ **饼皮**（直径15厘米×12张）

低筋面粉——2杯
砂糖——2汤匙
2个鸡蛋＋牛奶＝600毫升

※在粉类中添加鸡蛋、砂糖和牛奶的同时加入可可粉。
可可粉
——2汤匙

※请参照P8～11烘烤饼皮。

◎ **材料**（准备一个直径为15厘米的盆）

可丽饼饼皮（直径15厘米）
——10张
白巧克力——80克
植物鲜奶油——300毫升
砂糖——1汤匙
洋酒（白兰地、朗姆酒等）
——1茶匙
可可粉——适量

● **做法**

1. 将白巧克力切碎，放入盆中。
2. 在小锅中放入植物鲜奶油和砂糖，小火加热到冒热气，倒入①中混合，使巧克力融化。
3. 将盆底坐入冰水中，用打蛋器搅拌材料至黏稠，加入洋酒，再次混合。
4. 在直径为15厘米的盆中铺上保鲜膜，铺入一张饼皮，注意不要弄破，涂抹上3汤匙③。重复操作铺饼和涂抹的步骤，最后放上一张饼皮当作盖子。
5. 用保鲜膜密封，轻轻压上重物，放入冰箱冷藏2小时醒面。
6. 将盆倒扣在砧板上，取出可丽饼，再用过滤网撒上可可粉。

根据巧克力的大小加入奶油，便于融化。

在饼皮上涂抹薄薄一层奶油，再盖上一层饼皮。

倒扣在砧板上，轻轻取下可丽饼。

可丽饼餐点

微甜的饼皮搭配酸味的馅料，味道更加浓郁！
下面介绍的食谱既适合待客也适合宴会，看起来也很养眼。

生茼蒿、沙丁鱼和可丽饼组合出酸酸甜甜的味道

茼蒿沙丁可丽饼

◎**饼皮**（直径26厘米×4张）

低筋面粉——1杯
砂糖——1汤匙
1个鸡蛋＋牛奶＝300毫升

※**请参照P8～11烘烤饼皮**。

◎**材料**（2人份）

可丽饼饼皮（直径26厘米）——2张
黄油（加热用）——2茶匙
茼蒿——4棵
红椒——1/6个
黄椒——1/6个
小沙丁鱼——1/4杯
橙醋——1汤匙
盐、胡椒粉——各少许
芝麻油——3汤匙

●**做法**

1. 将茼蒿去掉茎叶，洗净，沥干水分。
2. 将红、黄彩椒均切成长4厘米左右的薄片，和①的茼蒿一起放入盆中，撒上橙醋、盐和胡椒粉。
3. 在平底锅中倒入芝麻油，中火烧热，放入小沙丁鱼，炒至酥脆，趁热淋上②，轻轻混合。
4. 用纸巾将平底锅轻轻擦拭一下，加入1茶匙黄油（加热用），中火加热使之融化。
5. 将饼皮里面朝下放入锅中，烘烤10秒钟，翻面。
6. 放上半份③，两边各折起3厘米左右，放到盘中。
7. 重复操作步骤④～⑥，制作2人份。

网状饼皮代表了时尚，香浓的芝麻提升了口感等级

香煎鲑鱼可丽饼

◎饼皮（直径15厘米×6张）

低筋面粉——1杯
砂糖——1汤匙
1个鸡蛋＋牛奶＝300毫升

※在2人份的面糊中拌入黑芝麻。
黑芝麻
——1茶匙

※请参照P8～11烘烤饼皮。在用长柄勺倒入面糊时，要像画画般绘出粗网状的圆形。

◎材料（2人份）

可丽饼饼皮（直径15厘米）
——4张
生鲑鱼——1片
洋葱——20克
芹菜——20克
盐、胡椒粉——各少许
高筋面粉（低筋面粉也可以）
——适量
橄榄油——1/2汤匙

•沙司

A
- 白葡萄香醋——1汤匙
- 芥末——1/2茶匙
- 盐、胡椒粉——各少许
- 橄榄油——3汤匙

水芹——适量

●做法

1. 在鲑鱼上撒上盐和胡椒粉，腌渍10分钟左右，用纸巾擦干水，用过滤网均匀地撒上高筋面粉。
2. 在平底锅中放入橄榄油，中火烧热，放入①中的鲑鱼双面煎，煎好后切成4等份。
3. 将洋葱和芹菜切成薄片，用热水焯一下，捞出，沥干水分。
4. 在饼皮上放上半份②中的鲑鱼以及半份③中的洋葱和芹菜，轻轻包好，放入盘中。
5. 将A的材料放入盆中，充分混合，淋在④上，装饰上水芹。
6. 重复操作步骤④和⑤，制作2人份。

甜辣鸡和足量的水菜让可丽饼变身为日式菜肴

照烧鸡沙拉可丽饼

◎ 饼皮（直径26厘米×4张）

低筋面粉——1杯
砂糖——1汤匙
1个鸡蛋＋牛奶＝300毫升

※在2人份的面糊中拌入香葱。
香葱末——1汤匙

※请参照P8～11烘烤饼皮。

◎ 材料（2人份）

可丽饼饼皮（直径26厘米）——2张
黄油（加热用）——2茶匙
鸡腿肉——1片

A
- 酱油——1/2汤匙
- 酒——1汤匙
- 甜料酒——1/2茶匙
- 蒜末——1/2茶匙
- 盐、胡椒粉——各少许

生菜——适量
沙拉——适量
七香粉——适量

● 做法

1. 将鸡腿肉用叉子扎孔，和A一起装入塑料袋中轻揉，放入冰箱冷藏30分钟左右至腌渍入味。
2. 用纸巾将①中的鸡腿肉的水分轻轻擦拭干净，放在烤鱼网上烤10分钟左右，取下，散去余热后，切大块。将生菜切成长段。
3. 在平底锅中加入1茶匙黄油（加热用），中火加热使之融化。
4. 将饼皮里面朝下放入锅中，烘烤10秒钟，翻面。
5. 将饼皮对折放入盘中，分别放上半份沙拉、生菜和②的鸡肉，根据个人喜好撒上七香粉。
6. 重复操作步骤③～⑤，制作2人份。

奶酪、鲜虾和鳄梨的黄金组合，在特别的场合值得一试

法式冻派可丽饼

◎饼皮（直径26厘米×4张）

低筋面粉——1杯
砂糖——1汤匙
1个鸡蛋＋牛奶＝300毫升

※请参照P8～11烘烤饼皮。

◎材料（准备1个500毫升的磅蛋糕模具）

可丽饼饼皮（直径26厘米）——3张
虾（中等大小，煮熟）——16个
鳄梨——1/2个
洋葱末——20克
奶油奶酪——150克
植物鲜奶油——3汤匙
蛋黄酱——1汤匙
柠檬汁——1茶匙
盐、胡椒粉——各少许
凉拌菜——适量

●做法

1. 将奶油奶酪放在室温下回暖30分钟左右，放入盆中，加入植物鲜奶油，用打蛋器搅拌至柔滑。
2. 在①中加入蛋黄酱和柠檬汁，再次混合，添加盐和胡椒粉调味。
3. 将鳄梨切成1厘米的块，和洋葱末一起加入②中搅拌，注意不要将鳄梨捣碎。
4. 在模具中铺上保鲜膜，铺入一张饼皮。
5. 倒入半份③，用勺子将其铺平。
6. 均匀地放入8只虾，上面盖上根据模具大小切好的饼皮。重复操作2次，制作出两层。
7. 从模具中露出的饼皮可以覆盖在馅料上将馅料包住，如果不够，可以添加饼皮。注意要封闭完好。
8. 盖上保鲜膜，轻轻压上重物，放入冰箱冷藏2～3个小时。
9. 取出并脱模，切成1.5厘米厚的块，和凉拌菜一起放入盘中。

多烘烤一些饼皮，摆放上喜欢的馅料，尽享美味吧！

法式烘饼&可丽饼的盛宴

在众人聚集的宴席上，推荐制作法式烘饼和可丽饼。
可以提前烘烤出大量备用饼皮，现场只需准备肉类、蔬菜、调味汁和果酱就好。
放上喜好的馅料卷起来，就可享用各自钟爱的法式烘饼和可丽饼！

适合宴会的两种调味汁

明太鱼调味汁

◎材料

土豆——2个
明太鱼——1/2条
橄榄油——1/2汤匙
蛋黄酱——2汤匙
盐、胡椒粉——各少许

●做法

1. 将土豆洗干净，盖上保鲜膜，放入600瓦的微波炉中加热10分钟左右。
2. 余热散去后，去皮，放入盆中，趁热捣碎。
3. 用勺子等工具刮掉明太鱼的皮，加入②中，加入橄榄油和蛋黄酱，混合，用盐和胡椒粉调味。

金枪鱼调味汁

◎材料

西蓝花——1/6棵
金枪鱼（罐头）——80克
洋葱末——1汤匙
蛋黄酱——2汤匙
原味酸奶——1汤匙
盐、胡椒粉——各少许

●做法

1. 将西蓝花分成小朵，用水洗干净，带着水气用保鲜膜包好。放入600瓦的微波炉中加热1.5分钟。余热散去之后，放入盆中，趁热用叉子捣碎。
2. 将金枪鱼滤掉汁液，加入洋葱末、蛋黄酱和酸奶，混合。
3. 用盐和胡椒粉调味。

宴会上电热板大显身手！

使用电热板，可以在烘烤饼皮的同时加工馅料，非常适合制作宴会美食！一边烘烤或加热饼皮，一边添加宾客喜爱的馅料，眨眼间一桌让客人绝口称赞的美餐就完成了。

工具一览

盆

搅拌材料时使用。直径为20～24厘米的盆大小最合适。其中金属和耐热玻璃材质的盆比较耐用。

长柄勺

本书中使用的勺子容量为80毫升。如果饼皮直径为26厘米，倒入一勺；直径为15厘米，倒入半勺即可。如果没有80毫升的勺子，也没有必要特意准备新勺子。

打蛋器

混合材料时和制作打发奶油时不可缺少的工具。建议你选用好拿、合手的产品。

量杯、汤匙、茶匙

量杯的容量通常为200毫升。请选择刻度清晰、便于拿取的产品。称量粉类和盐的时候，可以先多盛一些，再刮平至和勺柄高度一致后进行称量。

平底锅

本书中使用的平底锅直径为26厘米或15厘米。推荐你使用经过氟素树脂处理过的不粘锅。

煎铲、抹刀

方便将饼皮翻面或折叠。如果使用制作可丽饼专用的抹刀，可以进行更加精细的操作，但平常用的煎铲也足够使用。

秤

称重时用。家庭用称量范围为1千克足以。如果需要精确到1克，建议使用方便读取的电子秤。

过滤网、面粉筛

烤好饼皮后，使用过滤网撒上糖粉。面粉筛主要用来过筛粉类。过筛的时候，粉类会均匀地落下，没有结块，做出来的饼皮也会更光滑细腻。

图书在版编目 (CIP) 数据

三宅郁美的法式烘饼和可丽饼 /（日）三宅郁美著；钱海澎译．—杭州：浙江科学技术出版社，2013.12
ISBN 978-7-5341-5806-3

Ⅰ．①三… Ⅱ．①三… ②钱… Ⅲ．①饼干－制作－法国 Ⅳ．① TS213.2

中国版本图书馆 CIP 数据核字（2013）第 248310 号

著作权合同登记号 图字：11－2013－212号

原书名：ガレット & クレープ

三宅郁美的法式烘饼和可丽饼

责任编辑： 宋 东 王 群 王巧玲 **特约编辑：** 胡燕飞 史 倩
责任校对： 梁 峥 李骁睿 **特约美编：** 王秋成
责任美编： 金 晖 **封面设计：** 刘潇然
责任印务： 徐忠雷 **版式设计：** 孙阳阳

出版发行： 浙江科学技术出版社
地址：杭州市体育场路347号
邮政编码：310006
联系电话：0571－85058048
制　　作： 日知图书（www.rzbook.com）
印　　刷： 北京艺堂印刷有限公司
经　　销： 全国各地新华书店
开　　本： 710 × 1000 1/16
字　　数： 100千
印　　张： 7
版　　次： 2013年12月第1版
印　　次： 2013年12月第1次印刷
书　　号： ISBN 978-7-5341-5806-3
定　　价： 39.00元